U0306113

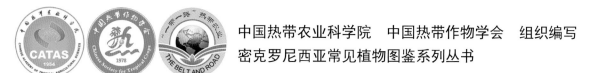

中国热带农业科学院　中国热带作物学会　组织编写

密克罗尼西亚常见植物图鉴系列丛书

总主编：刘国道

General Editor：Liu Guodao

密克罗尼西亚联邦
果蔬植物图鉴

Field Guide to Fruits and Vegetables in FSM

李伟明　王金辉　主编

Editors in Chief：Li Weiming　Wang Jinhui

中国农业科学技术出版社

图书在版编目（CIP）数据

密克罗尼西亚联邦果蔬植物图鉴 / 李伟明，王金辉主编 . —
北京：中国农业科学技术出版社，2019.4
（密克罗尼西亚常见植物图鉴系列丛书 / 刘国道主编）
ISBN 978-7-5116-4138-0

Ⅰ . ①密… Ⅱ . ①李… ②王… Ⅲ . ①水果—种质资源—密克
罗尼西亚联邦—图集②蔬菜—种质资源—密克罗尼西亚联邦—
图集 Ⅳ . ① S660.24-64 ② S630.24-64

中国版本图书馆 CIP 数据核字（2019）第 072233 号

责任编辑　徐定娜
责任校对　贾海霞

出 版 者　中国农业科学技术出版社
　　　　　北京市中关村南大街 12 号　邮编：100081
电　　话　（010）82109707（编辑室）　（010）82109702（发行部）
　　　　　（010）82109709（读者服务部）
传　　真　（010）82109707
网　　址　http://www.castp.cn
发　　行　各地新华书店
印 刷 者　北京科信印刷有限公司
开　　本　787 mm×1 092 mm　1 /16
印　　张　5.25
字　　数　127 千字
版　　次　2019 年 4 月第 1 版　2019 年 4 月第 1 次印刷
定　　价　68.00 元

《密克罗尼西亚常见植物图鉴系列丛书》

总 主 编：刘国道

《密克罗尼西亚联邦果蔬植物图鉴》
编写人员

主　　编：李伟明　　王金辉

副 主 编：张　雪　　李晓霞　　尹欣幸

编写人员：（按姓氏拼音排序）

范海阔　　弓淑芳　　郝朝运　　黄贵修

李伟明　　李晓霞　　刘国道　　唐庆华

王金辉　　王清隆　　王媛媛　　杨光穗

杨虎彪　　尹欣幸　　游　雯　　张　雪

郑小蔚

摄　　影：杨虎彪　　王清隆　　郝朝运　　黄贵修

唐庆华　　李伟明

序

太平洋岛国地区幅员辽阔，拥有3 000多万平方千米海域和1万多个岛屿；地缘战略地位重要，处于太平洋东西与南北交通要道交汇处；自然资源丰富，拥有农业、矿产、油气等资源。2014年习近平主席与密克罗尼西亚联邦（下称"密联邦"）领导人决定建立相互尊重、共同发展的战略伙伴关系，翻开了中密关系新的一页。2017年3月，克里斯琴总统成功对中国进行访问，习近平主席同克里斯琴总统就深化两国传统友谊、拓展双方务实合作，尤其是农业领域的合作达成广泛共识，为两国关系发展指明了方向。2018年11月，中国国家主席习近平访问巴布亚新几内亚并与建交的8个太平洋岛国领导人举行了集体会晤，将双方关系提升为相互尊重、共同发展的全面战略伙伴关系，开创了合作新局面。

1998年，中国政府在密联邦实施了中国援密示范农场项目，至今已完成了10期农业技术合作项目。2017—2018年，受中国政府委派，农业农村部直属的中国热带农业科学院，应密联邦政府要求，在密联邦开展了农业技术培训与农业资源联合调查，培训了125名农业技术骨干，编写了《密克罗尼西亚联邦饲用植物图鉴》《密克罗尼西亚联邦花卉植物图鉴》《密克罗尼西亚联邦药用植物图鉴》《密克罗尼西亚联邦果蔬植物图鉴》《密克罗尼西亚联邦椰子种质资源图鉴》和《密克罗尼西亚联邦农业病虫草害原色图谱》等系列著作。

该系列著作采用图文并茂的形式，对492种密联邦椰子、果蔬、花卉、饲用植物和药用植物等种质资源及农业病虫草害进行了科学鉴别，是密联邦难得一见的农业资源参考文献，是中国政府援助密联邦政府不可多得的又一农业民心工程。

值此中国—太平洋岛国农业部长会议召开之际，我对为该系列著作做出杰出贡献的来自中国热带农业科学院的专家们和密联邦友人深表敬意和祝贺。我坚信，以此系列著作的出版和《中国—太平洋岛国农业部长会议楠迪宣言》的发表为契机，中密两国农业与人文交流一定更加日益密切，一定会结出更加丰硕的成果。同时，我也坚信，以中国热带农业科学院为主要力量的热带农业专家团队，为加强中密两国农业发展战略与规划对接，开展农业领域人员交流和能力建设合作，加强农业科技合作，服务双方农业发展，促进农业投资贸易合作，助力密联邦延伸农业产业链和价值链等方面做出更大的贡献。

中华人民共和国农业农村部副部长：

2019 年 4 月

位于中北部太平洋地区的密克罗尼西亚联邦，是连接亚洲和美洲的重要枢纽。密联邦海域面积大，有着丰富的海洋资源、良好的生态环境以及独特的传统文化。

中密建交30年来，各层级各领域合作深入发展。党的十八大以来，在习近平外交思想指引下，中国坚持大小国家一律平等的优良外交传统，坚持正确义利观和真实亲诚理念，推动中密关系发展取得历史性成就。

中国政府高度重视发展中密友好关系，始终将密联邦视为太平洋岛国地区的好朋友、好伙伴。2014年，习近平主席与密联邦领导人决定建立相互尊重、共同发展的战略伙伴关系，翻开了中密关系新的一页。2017年，密联邦总统克里斯琴成功访问中国，习近平主席同克里斯琴总统就深化两国传统友谊、拓展双方务实合作达成广泛共识，推动了中密关系深入发展。2018年，习近平主席与克里斯琴总统在巴新再次会晤取得重要成果，两国领导人决定将中密关系提升为全面战略伙伴关系，为中密关系未来长远发展指明了方向。

1998年，中国政府在密实施了中国援密示范农场项目，至今已完成10期农业技术合作项目，成为中国对密援助的"金字招牌"。2017—2018年，受中国政府委派，农业农村部直属的中国热带农业科学院，应密联邦政府要求，在密开展了一个月的密"生命之树"椰子树病虫害防治技术培训，先后在雅浦、丘克、科斯雷和波纳佩四州培训了125名农业管理人员、技术骨干和种植户，并对重大危险性害虫——椰心叶甲进行了生物防治技术示范。同时，专家一行还利用培训班业余时间，不辞辛苦，联合密联邦资源和发展部及广大学员，深入田间地头开展椰子、槟榔、果树、花卉、牧草、药用植物、瓜菜和病虫草害等农业资源调查和开发利用的初步评估，组织专家编写了《密克罗尼西亚联邦饲用植物图鉴》《密克罗尼西亚联邦花卉植物图鉴》《密克罗尼西亚联邦药用植物图鉴》《密克罗尼西亚联邦果蔬植物图鉴》《密克罗尼西亚联邦椰子种质资源图鉴》《密克罗尼西亚联邦农业病虫草害原色图谱》等系列科普著作。

全书采用图文并茂的形式，通俗易懂地介绍了 37 种椰子种质资源、60 种果蔬、91 种被子植物门花卉和 13 种蕨类植物门观赏植物、100 种饲用植物、117 种药用植物和 74 种农作物病虫草害，是密难得一见的密农业资源图鉴。本丛书不仅适合于密联邦科教工作者，对于行业管理人员、学生、广大种植户以及其他所有对密联邦农业资源感兴趣的人士都将是一本很有价值的参考读物。

本丛书在中密建交 30 周年之际出版，意义重大。为此，我对为丛书做出杰出贡献的来自中国热带农业科学院的专家们和密友人深表敬意，对所有参与人员的辛勤劳动和出色工作表示祝贺和感谢。我坚信，以此丛书为基础，中密两国农业与人文交流一定会更加密切，一定能取得更多更好的成果。同时，我也坚信，以中国热带农业科学院为主要力量的中国热带农业科研团队，将为推动中密全面战略伙伴关系深入发展，推动中国与发展中国家团结合作，推动中密共建"一带一路"、共建人类命运共同体，注入新动力、做出新贡献。

中华人民共和国驻密克罗尼西亚联邦特命全权大使：黄峥

2019 年 4 月

前　言

　　密克罗尼西亚联邦是岛屿型国家，位于太平洋中部偏西北方向的加罗林群岛，属于太平洋三大岛群之一的密克罗尼西亚群岛。密联邦具有典型的热带雨林气候特征，终年阳光明媚、潮湿多雨。一年四季气温变化不大，但昼夜温差大，晚上较凉爽。年降水量4 400~5 000 毫米，年平均气温 26~28℃。充足的雨热，加上远离大陆、交通不便的地理环境，孕育了无数的当地特有物种，其植被多样性非常典型，物种多样性也有其独特的成分。又由于地广人稀，自然物产资源丰富，当地人极少从事粮食种植，整个国家基本上处于野生态状态，良好的生态环境使得当地特有的和引进的物种均得到比较完善的保护。

　　第二次世界大战以前，密联邦人以面包果、香蕉、芋头等淀粉类为主食，加上一些海产品和水果等，得益于这些健康的食品结构，历史上当地人很少有营养不良、糖尿病、肥胖症等。美国海军在"二战"刚结束时的调查表明，当时密联邦人体型矫健，岛上几乎没有胖人。而现在，岛上一半以上的成年人体重超标，还出现了维生素 A 缺乏导致的儿童夜盲症、呼吸道感染以及成年人心血管、癌症等疾病，这与"二战"后当地人食用进口大米、面粉、肉、奶食品的比例大幅增加，而果蔬类素食大幅减少有关。

　　水果、蔬菜能为人体提供大量的各种维生素，多食果蔬在改善饮食结构、促进人体健康方面具有重要作用。2017—2018 年,中国热带农业科学院组织专家在密联邦开展了"椰子树病虫害防治技术培训"和"一带一路"热带国家农业资源联合调查与开发评价等援外合作项目。在执行项目期间，有感于密联邦植物资源多样性极其丰富以及当前密联邦人日常饮食中急需增加果蔬所占比例，我们对密联邦多个岛屿的热带果树、蔬菜资源进行了考察。

本书收录了考察过程中发现的常见果树、瓜类和蔬菜植物 60 种，每种又包括 1 个到若干个品种，每种果蔬都配以 1 幅以上高清原色大图，较大限度地清晰呈现该种植物的鲜明特征与形态之美，尽可能突出其可利用部分，使读者仅凭翻阅就可以让眼睛饱揽"美色"，获得极佳的审美体验，且口齿生津顿生食欲之感。另外，本书因其"图文并茂"的定位，对入选植物的学名分类、形态特征、生长习性也进行了简要的文字说明，并尽可能提供其英文名、当地名和分布区域等基本信息。因此，本书适合于果蔬爱好者、自然爱好者以及普通老百姓特别是密联邦当地人作为认图识物的科普读物；也适合于园林园艺工作者、科研人员选作参考书、工具书或教材。

由于业务水平和编写水平有限，且时间仓促，有不少地方还有待进一步完善，敬请广大读者批评指正。

本书得到"一带一路"热带项目资金资助。

总主编：刘国道

2018 年 11 月

目　录

水　果

芭　蕉……………………………3

面包果……………………………5

洋蒲桃……………………………6

番木瓜……………………………7

番石榴……………………………9

柑橘类……………………………10

菠　萝……………………………12

番荔枝……………………………13

杧　果……………………………14

杨　桃……………………………16

加罗林鱼木………………………17

西番莲……………………………18

足球果……………………………19

波罗蜜……………………………20

火龙果……………………………21

无花果……………………………22

油　梨……………………………23

葡　萄……………………………25

腰　果……………………………26

桑　果……………………………27

黄　皮……………………………28

蛋黄果……………………………29

文丁果……………………………30

毛叶枣……………………………31

枇　杷……………………………32

西　瓜……………………………33

甜　瓜……………………………35

香　瓜……………………………36

蔬　菜

黄　瓜……………………………39

苦　瓜……………………………40

冬　瓜……………………………41

节　瓜……………………………42

丝　瓜……………………………43

南　瓜……………………………44

西红柿……………………………46

辣　椒……………………………47

菜　椒……………………………48

朝天椒……………………… 49

莴 笋……………………… 50

生 菜……………………… 51

甘 蓝（包菜）………… 52

花椰菜……………………… 53

白 菜……………………… 54

小白菜……………………… 55

胡萝卜……………………… 56

韭 菜……………………… 57

芹 菜……………………… 58

茄 子……………………… 59

菜 心……………………… 60

苋 菜……………………… 61

芥 菜……………………… 62

四季豆……………………… 63

豆 角……………………… 64

红薯叶……………………… 65

蕹 菜……………………… 66

芫 荽……………………… 67

姜……………………… 68

葱……………………… 69

蒜……………………… 70

洋 葱……………………… 71

水　果

芭 蕉

拉丁名：*Musa spp* Lour.

英文名：Banana

植株丛生，具匍匐茎，矮型的高3.5米以下，一般高不及2米，高型的高4~5米，假茎均浓绿而带黑斑，被白粉，尤以上部为多。叶片长圆形，长1.5~2.5米，宽60~85厘米，先端钝圆，基部近圆形，两侧对称，叶面深绿色，无白粉，叶背浅绿色，被白粉；叶柄短粗，通常长在30厘米以下，叶翼显著，张开，边缘褐红色或鲜红色。穗状花序，花序轴密被褐色绒毛，苞片外面紫红色，被白粉，内面深红色，但基部略淡，具光泽，雄花苞片不脱落，每苞片内有花2列。花乳白色或略带浅紫色，离生花被片近圆形，全缘，先端有锥状急尖，合生花被片的中间二侧生小裂片，长约为中央裂片的1/2。最大的果丛有果360个之多，重可达32千克，一般的果丛有果8~10段，有果150~200个。果身弯曲，略为浅弓形，幼果向上，直立，成熟后逐渐趋于平伸，长(10)12~30厘米，直径3.4~3.8厘米，果棱明显，有4~5棱，先端渐狭，非显著缩小，果柄短。果皮青绿色，在高温下催熟，果皮呈绿色带黄，在低温下催熟，果皮则由青变为黄色，并且生麻黑点（即"梅花点"）。果肉松软，黄白色，味甜，无种子，香味特浓。剑头芽（即慈姑芽或竹笋芽）假茎高约50厘米，基部粗壮，肉红色，上部细小，呈带灰绿的紫红色，黑斑大而显著，叶片狭长上举，叶背被有厚层的白粉。

分布：波纳佩、雅浦、丘克、科斯雷。

面包果

拉丁名：*Artocarpus incisus* (Thunb.) L.f.

英文名：Bread fruit

雅浦语：Thow

丘克名：Mai

常绿乔木，高 10~15 米；树皮灰褐色，粗厚。叶大，互生，厚革质，卵形至卵状椭圆形，长 10~50 厘米，成熟之叶羽状分裂，两侧多为 3~8 羽状深裂，裂片披针形，先端渐尖，两面无毛，表面深绿色，有光泽，背面浅绿色，全缘，侧脉约 10 对；叶柄长 8~12 厘米；托叶大，披针形或宽披针形，长 10~25 厘米，黄绿色，被灰色或褐色平贴柔毛。花序单生叶腋，雄花序长圆筒形至长椭圆形或棒状，长 7~30（~40）厘米，黄色；雄花花被管状，被毛，上部 2 裂，裂片披针形，雄蕊 1 枚，花药椭圆形，雌花花被管状，子房卵圆形，花柱长，柱头 2 裂，聚花果倒卵圆形或近球形，长宽比值为 1~4，长 15~30 厘米，直径 8~15 厘米，绿色至黄色，表面具圆形瘤状突起，成熟褐色至黑色，柔软，内面为乳白色肉质花被组成；核果椭圆形至圆锥形，直径约 25 毫米。栽培的很少核果或无核果。

分布：波纳佩、雅浦、丘克、科斯雷。

洋蒲桃

拉丁名: *Syzygium samarangense* (Bl.) Merr. et Perry

英文名: Mountain apple (in Hawaii), wax apple, Malay apple

雅浦名: Arfath

丘克名: Amot apple, Mountain apple

乔木，高 12 米；嫩枝压扁。叶片薄革质，椭圆形至长圆形，长 10~22 厘米，宽 5~8 厘米，先端钝或稍尖，基部变狭，圆形或微心形，上面干后变黄褐色，下面多细小腺点，侧脉 14~19 对，以 45 度开角斜行向上，离边缘 5 毫米处互相结合成明显边脉，另在靠近边缘 1.5 毫米处有 1 条附加边脉，侧脉间相隔 6~10 毫米，有明显网脉；叶柄极短，长不超过 4 毫米，有时近于无柄。聚伞花序顶生或腋生，长 5~6 厘米，有花数朵；花白色，花梗长约 5 毫米；萼管倒圆锥形，长 7~8 毫米，宽 6~7 毫米，萼齿 4 枚，半圆形，长 4 毫米，宽加倍；雄蕊极多，长约 1.5 厘米；花柱长 2.5~3 厘米。果实梨形或圆锥形，肉质，洋红色，发亮，长 4~5 厘米，顶部凹陷，有宿存的肉质萼片；种子 1 颗。花期 3—4 月，果实 5—6 月成熟。

分布：波纳佩、雅浦、丘克、科斯雷。

番木瓜

拉丁名：*Carica papaya* L.

英文名：Papaya

雅浦语：Baibaai, Pawpaw

常绿软木质小乔木，高达 8~10 米，具乳汁；茎不分枝或有时于损伤处分枝，具螺旋状排列的托叶痕。叶大，聚生于茎顶端，近盾形，直径可达 60 厘米，通常 5~9 深裂，每裂片再为羽状分裂；叶柄中空，长达 60~100 厘米。花单性或两性，有些品种在雄株上偶尔产生两性花或雌花，并结成果实，亦有时在雌株上出现少数雄花。植株有雄株，雌株和两性株。雄花：排列成圆锥花序，长达 1 米，下垂；花无梗；萼片基部连合；花冠乳黄色，冠管细管状，长 1.6~2.5 厘米，花冠裂片 5 枚，披针形，长约 1.8 厘米，宽 4.5 毫米；雄蕊 10 枚，5 长 5 短，短的几无花丝，长的花丝白色，被白色绒毛；子房退化。雌花：单生或由数朵排列成伞房花序，着生叶腋内，具短梗或近无梗，萼片 5 枚，长约 1 厘米，中部以下合生；花冠裂片 5 枚，分离，乳黄色或黄白色，长圆形或披针形，长 5~6.2 厘米，宽 1.2~2 厘米；子房上位，卵球形，无柄，花柱 5 枚，柱头数裂，近流苏状。两性花：雄蕊 5 枚，着生于近子房基部极短的花冠管上，或为 10 枚着生于较长的花冠管上，排列成 2 轮，冠管长 1.9~2.5 厘米，花冠裂片长圆形，长约 2.8 厘米，宽 9 毫米，子房比雌株子房较小。浆果肉质，成熟时橙黄色或黄色，长圆球形，倒卵状长圆球形，梨形或近圆球形，长 10~30 厘米或更长，果肉柔软多汁，味香甜；种子多数，卵球形，成熟时黑色，外种皮肉质，内种皮木质，具皱纹。花果期全年。

分布：波纳佩、雅浦、丘克、科斯雷。

番石榴

拉丁名：*Psidium guajava* L.

英文名：Guava

雅浦名：Abas, Kuava

乔木，高达 13 米；树皮平滑，灰色，片状剥落；嫩枝有棱，被毛。叶片革质，长圆形至椭圆形，长 6~12 厘米，宽 3.5~6 厘米，先端急尖或钝，基部近于圆形，上面稍粗糙，下面有毛，侧脉 12~15 对，常下陷，网脉明显；叶柄长 5 毫米。花单生或 2~3 朵排成聚伞花序；萼管钟形，长 5 毫米，有毛，萼帽近圆形，长 7~8 毫米，不规则裂开；花瓣长 1~1.4 厘米，

白色；雄蕊长 6~9 毫米；子房下位，与萼合生，花柱与雄蕊同长。浆果球形、卵圆形或梨形，长 3~8 厘米，顶端有宿存萼片，果肉白色及黄色，胎座肥大，肉质，淡红色；种子多数。

分布：波纳佩、雅浦、丘克、科斯雷。

柑橘类

拉丁名： *Citrus* spp.

小乔木。分枝多，枝扩展或略下垂，刺较少。单身复叶，翼叶通常狭窄，或仅有痕迹，叶片披针形，椭圆形或阔卵形，大小变异较大，顶端常有凹口，中脉由基部至凹口附近成叉状分枝，叶缘至少上半段通常有钝或圆裂齿，很少全缘。花单生或2~3朵簇生；花萼不规则5~3浅裂；花瓣通常长1.5厘米以内；雄蕊20~25枚，花柱细长，柱头头状。果形种种，通常扁圆形至近圆球形，果皮甚薄而光滑，或厚而粗糙，淡黄色，朱红色或深红色，甚易或稍易剥离，橘络甚多或较少，呈网状，易分离，通常柔嫩，中心柱大而常空，稀充实，瓤囊7~14瓣，稀较多，囊壁薄或略厚，柔嫩或颇韧，汁胞通常纺锤形，短而膨大，稀细长，果肉酸或甜，或有苦味，或另有特异气味；种子或多或少数，稀无籽，通常卵形，顶部狭尖，基部浑圆，子叶深绿、淡绿或间有近于乳白色，合点紫色，多胚，少有单胚。花期4—5月，果期10—12月。

分布： 波纳佩、雅浦、丘克、科斯雷。

菠萝

拉丁名： *Ananas comosus* (Linn.) Merr.

英文名： Pineapple

茎短。叶多数，莲座式排列，剑形，长 40~90 厘米，宽 4~7 厘米，顶端渐尖，全缘或有锐齿，腹面绿色，背面粉绿色，边缘和顶端常带褐红色，生于花序顶部的叶变小，常呈红色。花序于叶丛中抽出，状如松球，长 6~8 厘米，结果时增大；苞片基部绿色，上半部淡红色，三角状卵形；萼片宽卵形，肉质，顶端带红色，长约 1 厘米；花瓣长椭圆形，端尖，长约 2 厘米，上部紫红色，下部白色。聚花果肉质，长 15 厘米以上。花期夏季至冬季。

分布： 波纳佩、雅浦、丘克、科斯雷。

番荔枝

拉丁名：*Annona muricata* L.

英文名：Soursop

雅浦名：Sausau

常绿乔木，高达 8 米；树皮粗糙。叶纸质，倒卵状长圆形至椭圆形，长 5~18 厘米，宽 2~7 厘米，顶端急尖或钝，基部宽楔形或圆形，叶面翠绿色而有光泽，叶背浅绿色，两面无毛；侧脉每边 8~13 条，两面略为凸起，在叶缘前网结。花蕾卵圆形；花淡黄色，长 3.8 厘米，直径与长相等或梢宽；萼片卵状椭圆形，长约 5 毫米，宿存；外轮花瓣厚，阔三角形，长 2.5~5 厘米，顶端急尖至钝，内面基部有红色小凸点，无柄，镊合状排列，内轮花瓣稍薄，卵状椭圆形，长 2~3.5 厘米，顶端钝，内面下半部覆盖雌雄蕊处密生小凸点，有短柄，覆瓦状排列；雄蕊长 4 毫米，花丝肉质，药隔膨大；心皮长 5 毫米，被白色绢质柔毛。果卵圆状，长 10~35 厘米，直径 7~15 厘米，深绿色，幼时有下弯的刺，刺随后逐渐脱落而残存有小突体，果肉微酸多汁，白色；种子多颗，肾形，长 1.7 厘米，宽约 1 厘米，棕黄色。花期 4—7 月，果期 7—翌年 3 月。

分布：波纳佩、雅浦、丘克、科斯雷。

杧 果

拉丁名：*Mangifera indica* L.

英文名：Mango

雅浦名：Manga

丘克名：Kangit；Manko

波纳佩名：Kangit

常绿大乔木，高 10~20 米；树皮灰褐色，小枝褐色，无毛。叶薄革质，常集生枝顶，叶形和大小变化较大，通常为长圆形或长圆状披针形，长 12~30 厘米，宽 3.5~6.5 厘米，先端渐尖、长渐尖或急尖，基部楔形或近圆形，边缘皱波状，无毛，叶面略具光泽，侧脉 20~25 对，斜升，两面突起，网脉不显，叶柄长 2~6 厘米，上面具槽，基部膨大。圆锥花序长 20~35 厘米，多花密集，被灰黄色微柔毛，分枝开展，最基部分枝长 6~15 厘米；苞片披针形，长约 1.5 毫米，被微柔毛；花小，杂性，黄色或淡黄色；花梗长 1.5~3 毫米，具节；萼片卵状披针形，长 2.5~3 毫米，宽约 1.5 毫米，渐尖，外面被微柔毛，边缘具细睫毛；花瓣长圆形或长圆状披针形，长 3.5~4 毫米，宽约 1.5 毫米，无毛，里面具 3~5 条棕褐色突起的脉纹，开花时外卷；花盘膨大，肉质，5 浅裂；雄蕊仅 1 个发育，长约 2.5 毫米，花药卵圆形，不育雄蕊 3~4，具极短的花丝和疣状花药原基或缺；子房斜卵形，径约 1.5 毫米，无毛，花柱近顶生，长约 2.5 毫米。核果大，肾形（栽培品种其形状和大小变化极大），压扁，长 5~10 厘米，宽 3~4.5 厘米，成熟时黄色，中果皮肉质，肥厚，鲜黄色，味甜，果核坚硬。

分布：波纳佩、雅浦、丘克、科斯雷。

杨 桃

拉丁名： *Averrhoa carambola* L.

英文名： Star Fruit, Country Gooseberry

波纳佩名： Ansu

乔木，高可达 12 米，分枝甚多；树皮暗灰色，内皮淡黄色，干后茶褐色，味微甜而涩。奇数羽状复叶，互生，长 10~20 厘米；小叶 5~13 片，全缘，卵形或椭圆形，长 3~7 厘米，宽 2~3.5 厘米，顶端渐尖，基部圆，一侧歪斜，表面深绿色，背面淡绿色，疏被柔毛或无毛，小叶柄甚短；花小，微香，数朵至多朵组成聚伞花序或圆锥花序，自叶腋出或着生于枝干上，花枝和花蕾深红色；萼片 5 枚，长约 5 毫米，覆瓦状排列，基部合成细杯状，花瓣略向背面弯卷，长 8~10 毫米，宽 3~4 毫米，背面淡紫红色，边缘色较淡，有时为粉红色或白色；雄蕊 5~10 枚；子房 5 室，每室有多数胚珠，花柱 5 枚。浆果肉质，下垂，有 5 棱，很少 6 棱或 3 棱，横切面呈星芒状，长 5~8 厘米，淡绿色或蜡黄色，有时带暗红色。种子黑褐色。花期 4—12 月，果期 7—12 月。

分布： 波纳佩、丘克。

加罗林鱼木

拉丁名：*Crataeva religiosa* G. Forst

英文名：Garlic pear

雅浦名：Abiuuch；Abiich

丘克名：Abuts

波纳佩名：Apoot

小乔木。枝条具明显的皮孔。叶：三出复叶，叶柄长 10~15 厘米，小叶卵形，顶端急尖，基部圆形，长约 10 厘米，宽 4 厘米，小叶柄短，长 2~3 毫米。花：伞房花序顶生或腋生，常靠近枝顶端；花瓣白色，卵形，大小不相等，具柄；最大的花瓣长约 3.5 厘米；雄蕊多数，长度不相等，长于花瓣。果实：卵球形至长圆柱状，长 6 到 15 厘米，种子包裹在肉质浆果，果实大的类型中果实常无核。

分布：波纳佩、雅浦。

西番莲

拉丁名：*Passiflora caerulea* L.

英文名：Passionfruit

雅浦名：Tumatis

草质藤本；茎圆柱形并微有棱角，无毛，略被白粉；叶纸质、长 5~7 厘米，宽 6~8 厘米，基部心形，掌状 5 深裂，中间裂片卵状长圆形，两侧裂片略小，无毛、全缘；叶柄长 2~3 厘米，中部有 2~4（6）细小腺体；托叶较大、肾形，抱茎、长达 1.2 厘米，边缘波状，聚伞花序退化仅存 1 花，与卷须对生；花大，淡绿色，直径大，6~8（10）厘米；花梗长 3~4 厘米；苞片宽卵形，长 3 厘米，全缘；萼片 5 枚，长 3~4.5 厘米，外面淡绿色，内面绿白色、外面顶端具 1 角状附属器；花瓣 5 枚，淡绿色，与萼片近等长；外副花冠裂片 3 轮，丝状，外轮与中轮裂片，长达 1~1.5 厘米，顶端天蓝色，中部白色、下部紫红色，内轮裂片丝状，长 1~2 毫米，顶端具 1 紫红色头状体，下部淡绿色；内副花冠流苏状，裂片紫红色，其下具 1 密腺环；具花盘，高 1~2 毫米；雌雄蕊柄长 8~10 毫米；雄蕊 5 枚，花丝分离，长约 1 厘米、扁平；花药长圆形，长约 1.3 厘米；子房卵圆球形；花柱 3 枚，分离，紫红色，长约 1.6 厘米；柱头肾形。浆果卵圆球形至近圆球形，长约 6 厘米，熟时橙黄色或黄色；种子多数，倒心形，长约 5 毫米。花期 5—7 月。

分布：波纳佩、雅浦。

足球果

拉丁名：*Pangium edule* Reinw. ex. Bl.

英文名：Pangi fruit, Football fruit

雅浦名：Rowal

波纳佩名：Durien

中型至大型乔木。单叶，全缘或具三个或更多裂片，互生，簇生于枝末端，心形至卵形，长15~30厘米，叶柄长且圆，其长度与叶片长度相近。花单性，雄花簇生，雌花单生，宽约5厘米，具2~3个花萼裂片，5~6个花瓣；雄花具多枚雄蕊，雌花具5~6个退化的雄蕊（无功能雄蕊），退化雄蕊与花瓣互生，柱头无梗。果实较大且呈卵球形，长15至30厘米，大约是果实宽度的一半，皮粗糙且呈褐色，成熟时果肉呈黄色，有麝香味，但味道鲜美；果肉中含有许多长约5厘米的种子，种子较扁。

分布：波纳佩、雅浦、丘克、科斯雷。

波罗蜜

拉丁名： *Artocarpus integra* Merr.

英文名： Jackfruit

常绿乔木，高 10~20 米，胸径达 30~50 厘米；老树常有板状根；树皮厚，黑褐色；小枝粗 2~6 毫米，具纵绉纹至平滑，无毛；托叶抱茎环状，遗痕明显。叶革质，螺旋状排列，椭圆形或倒卵形，长 7~15 厘米或更长，宽 3~7 厘米，先端钝或渐尖，基部楔形，成熟之叶全缘，或在幼树和萌发枝上的叶常分裂，表面墨绿色，干后浅绿或淡褐色，无毛，有光泽，背面浅绿色，略粗糙，叶肉细胞具长臂，组织中有球形或椭圆形树脂细胞，侧脉羽状，每边 6~8 条，中脉在背面显著凸起；叶柄长 1~3 厘米；托叶抱茎，卵形，长 1.5~8 厘米，外面被贴伏柔毛或无毛，脱落。花雌雄同株，花序生老茎或短枝上，雄花序有时着生于枝端叶腋或短枝叶腋，圆柱形或棒状椭圆形，长 2~7 厘米，花多数，其中有些花不发育，总花梗长 10~50 毫米；雄花花被管状，长 1~1.5 毫米，上部 2 裂，被微柔毛，雄蕊 1 枚，花丝在蕾中直立，花药椭圆形，无退化雌蕊；雌花花被管状，顶部齿裂，基部陷于肉质球形花序轴内，子房 1 室。聚花果椭圆形至球形，或不规则形状，长 30~100 厘米，直径 25~50 厘米，幼时浅黄色，成熟时黄褐色，表面有坚硬六角形瘤状凸体和粗毛；核果长椭圆形，长约 3 厘米，直径 1.5~2 厘米。花期 2—3 月。

分布： 波纳佩。

火龙果

拉丁名：*Hylocereus undulatus* Britt.

英文名：Pitaya

波纳佩名：Dragon fruit

多年生攀援性的多肉植物。植株无主根，侧根大量分布在浅表土层，同时有很多气生根，可攀援生长。根茎深绿色，粗壮，长可达 7 米，粗 10~12 厘米，具 3 棱。棱扁，边缘波浪状，茎节处生长攀援根，可攀附其他植物上生长，肋多为 3 条，每段茎节凹陷处具小刺。由于长期生长于热带沙漠地区，其叶片已退化，光合作用功能由茎干承担。茎的内部是大量饱含粘稠液体的薄壁细胞，有利于在雨季吸收尽可能多的水分。花白色，巨大子房下位，花长约 30 厘米。花萼管状，宽约 3 厘米，带绿色（有时淡紫色）的裂片；具长 3~8 厘米的鳞片；花瓣宽阔，纯白色，直立，倒披针形，全缘。雄蕊多而细长，多达 700~960 条，与花柱等长或较短。花药乳黄色，花丝白色；花柱粗，0.7~0.8 厘米，乳黄色；雌蕊柱头裂片多达 24 枚。果实长圆形或卵圆形，表皮红色，肉质，具卵状而顶端急尖的鳞片，果长 10~12 厘米，果皮厚，有蜡质。果肉白色或红色。果期夏秋季。

分布：波纳佩、雅浦、丘克、科斯雷。

无花果

拉丁名：*Ficus carica* Linn.

英文名：Fig

　　落叶灌木，高 3~10 米，多分枝；树皮灰褐色，皮孔明显；小枝直立，粗壮。叶互生，厚纸质，广卵圆形，长宽近相等，10~20 厘米，通常 3~5 裂，小裂片卵形，边缘具不规则钝齿，表面粗糙，背面密生细小钟乳体及灰色短柔毛，基部浅心形，基生侧脉 3~5条，侧脉 5~7 对；叶柄长 2~5 厘米，粗壮；托叶卵状披针形，长约 1 厘米，红色。雌雄异株，雄花和瘿花同生于一榕果内壁，雄花生内壁口部，花被片 4~5，雄蕊 3，有时 1 或5，瘿花花柱侧生，短；雌花花被与雄花同，子房卵圆形，光滑，花柱侧生，柱头 2 裂，线形。榕果单生叶腋，大而梨形，直径 3~5 厘米，顶部下陷，成熟时紫红色或黄色，基生苞片 3，卵形；瘦果透镜状。花果期 5—7 月。

　　分布：波纳佩、雅浦、丘克、科斯雷。

油 梨

拉丁名：*Persea americana* Mill.

英文名：Avocado, Alligator per

常绿乔木，高约 10 米；树皮灰绿色，纵裂。叶互生，长椭圆形、椭圆形、卵形或倒卵形，长 8~20 厘米，宽 5~12 厘米，先端急尖，基部楔形、急尖至近圆形，革质，上面绿色，下面通常稍苍白色，幼时上面疏被下面极密被黄褐色短柔毛，老时上面变无毛下面疏被微柔毛，羽状脉，中脉在上面下部凹陷上部平坦，下面明显凸出，侧脉每边 5~7 条，在上面微隆起下面却十分凸出，横脉及细脉在上面明显下面凸出；叶柄长 2~5 厘米，腹面略具沟槽，略被短柔毛。聚伞状圆锥花序长 8~14 厘米，多数生于小枝的下部，具梗，总梗长 4.5~7 厘米，与各级序轴被黄褐色短柔毛；苞片及小苞片线形，长约 2 毫米，密被黄褐色短柔毛。花淡绿带黄色，长 5~6 毫米，花梗长达 6 毫米，密被黄褐色短柔毛。花被两面密被黄褐色短柔毛，花被筒倒锥形，长约 1 毫米，花被裂片 6，长圆形，长 4~5 毫米，先端钝，外轮 3 枚略小，均花后增厚而早落。能育雄蕊 9，长约 4 毫米，花丝丝状，扁平，密被疏柔毛，花药长圆形，先端钝，4 室，第一、二轮雄蕊花丝无腺体，花药药室内向，第三轮雄蕊花丝基部有一对扁平橙色卵形腺体，花药药室外向。退化雄蕊 3，位于最内轮，箭头状心形，长约 0.6 毫米，无毛，具柄，柄长约 1.4 毫米，被疏柔毛。子房卵球形，长约 1.5 毫米，密被疏柔毛，花柱长 2.5 毫米，密被疏柔毛，柱头略增大，盘状。果大，通常梨形，有时卵形或球形，长 8~18 厘米，黄绿色或红棕色，外果皮木栓质，中果皮肉质，可食。花期 2—3 月，果期 8—9 月。

分布：丘克。

葡　萄

拉丁名：*Vitis vinifera* L.

英文名：Grape

木质藤本。小枝圆柱形，有纵棱纹，无毛或被稀疏柔毛。卷须 2 叉分枝，每隔 2 节间断与叶对生。叶卵圆形，显著 3~5 浅裂或中裂，长 7~18 厘米，宽 6~16 厘米，中裂片顶端急尖，裂片常靠合，基部常缢缩，裂缺狭窄，间或宽阔，基部深心形，基缺凹成圆形，两侧常靠合，边缘有 22~27 个锯齿，齿深而粗大，不整齐，齿端急尖，上面绿色，下面浅绿色，无毛或被疏柔毛；基生脉 5 出，中脉有侧脉 4~5 对，网脉不明显突出；叶柄长 4~9 厘米，几无毛；托叶早落。圆锥花序密集或疏散，多花，与叶对生，基部分枝发达，长 10~20 厘米，花序梗长 2~4 厘米，几无毛或疏生蛛丝状绒毛；花梗长 1.5~2.5 毫米，无毛；花蕾倒卵圆形，高 2~3 毫米，顶端近圆形；萼浅碟形，边缘呈波状，外面无毛；花瓣 5，呈帽状粘合脱落；雄蕊 5，花丝丝状，长 0.6~1 毫米，花药黄色，卵圆形，长 0.4~0.8 毫米，在雌花内显著短而败育或完全退化；花盘发达，5 浅裂；雌蕊 1，在雄花中完全退化，子房卵圆形，花柱短，柱头扩大。果实球形或椭圆形，直径 1.5~2 厘米；种子倒卵椭圆形，顶短近圆形，基部有短喙，种脐在种子背面中部呈椭圆形，种脊微突出，腹面中棱脊突起，两侧洼穴宽沟状，向上达种子 1/4 处。花期 4—5 月，果期 8—9 月。

分布：波纳佩。

腰 果

拉丁名：*Anacardium occidentale* L.

英文名：Cashew

乔木，高 4~15 米；小枝黄褐色，无毛或近无毛。叶革质，倒卵形，长 8~14 厘米，宽 6~8.5 厘米，先端圆形，平截或微凹，基部阔楔形，全缘，两面无毛，侧脉约 12 对，侧脉和网脉两面突起；叶柄长 1~1.5 厘米。圆锥花序宽大，多分枝，排成伞房状，长 10~20 厘米，多花密集，密被锈色微柔毛；苞片卵状披针形，长 5~10 毫米，背面被锈色微柔毛；花黄色，杂性，无花梗或具短梗；花萼外面密被锈色微柔毛，裂片卵状披针形，先端急尖，长约 4 毫米，宽约 1.5 毫米；花瓣线状披针形，长 7~9 毫米，宽约 1.2 毫米，外面被锈色微柔毛，里面疏被毛或近无毛，开花时外卷；雄蕊 7~10，通常仅 1 个发育，长 8~9 毫米，在两性花中长 5~6 毫米，不育雄蕊较短（长 3~4 毫米），花丝基部多少合生，花药小，卵圆形；子房倒卵圆形，长约 2 毫米，无毛，花柱钻形，长 4~5 毫米。坚果肾形，长 2~2.5 厘米，宽约 1.5 厘米，果基部为肉质梨形或陀螺形的假果所托，假果长 3~7 厘米，最宽处 4~5 厘米，成熟时呈红色或黄色；果仁肾形，长 1.5~2 厘米，宽约 1 厘米。

分布：雅浦。

桑　果

拉丁名：*Morus alba* Linn. var. *alba*

英文名：Mulberry

乔木或为灌木，高 3~10 米或更高，胸径可达 50 厘米，树皮厚，灰色，具不规则浅纵裂；冬芽红褐色，卵形，芽鳞覆瓦状排列，灰褐色，有细毛；小枝有细毛。叶卵形或广卵形，长 5~15 厘米，宽 5~12 厘米，先端急尖、渐尖或圆钝，基部圆形至浅心形，边缘锯齿粗钝，有时叶为各种分裂，表面鲜绿色，无毛，背面沿脉有疏毛，脉腋有簇毛；叶柄长 1.5~5.5 厘米，具柔毛；托叶披针形，早落，外面密被细硬毛。花单性，腋生或生于芽鳞腋内，与叶同时生出；雄花序下垂，长 2~3.5 厘米，密被白色柔毛，雄花。花被片宽椭圆形，淡绿色。花丝在芽时内折，花药 2 室，球形至肾形，纵裂；雌花序长 1~2 厘米，被毛，总花梗长 5~10 毫米被柔毛，雌花无梗，花被片倒卵形，顶端圆钝，外面和边缘被毛，两侧紧抱子房，无花柱，柱头 2 裂，内面有乳头状突起。聚花果卵状椭圆形，长 1~2.5 厘米，成熟时红色或暗紫色。花期 4—5 月，果期 5—8 月。

分布：波纳佩。

黄 皮

拉丁名：*Clausena lansium* (Lour.) Skeels

英文名：Wampee

小乔木，高达 12 米。小枝、叶轴、花序轴、尤以未张开的小叶背脉上散生甚多明显凸起的细油点且密被短直毛。叶有小叶 5~11 片，小叶卵形或卵状椭圆形，常一侧偏斜，长 6~14 厘米，宽 3~6 厘米，基部近圆形或宽楔形，两侧不对称，边缘波浪状或具浅的圆裂齿，叶面中脉常被短细毛；小叶柄长 4~8 毫米。圆锥花序顶生；花蕾圆球形，有 5 条稍凸起的纵脊棱；花萼裂片阔卵形，长约 1 毫米，外面被短柔毛，花瓣长圆形，长约 5 毫米，两面被短毛或内面无毛；雄蕊 10 枚，长短相间，长的与花瓣等长，花丝线状，下部稍增宽，不呈曲膝状；子房密被直长毛，花盘细小，子房柄短。果圆形、椭圆形或阔卵形，长 1.5~3 厘米，宽 1~2 厘米，淡黄至暗黄色，被细毛，果肉乳白色，半透明，有种子 1~4 粒；子叶深绿色。花期 4—5 月，果期 7—8 月。产海南的其花果期均提早 1—2 个月。

分布：波纳佩、雅浦。

蛋黄果

拉丁名：*Lucuma nervosa* A.DC

英文名：Egg yolk fruit

小乔木，高约6米；小枝圆柱形，灰褐色，嫩枝被褐色短绒毛。叶坚纸质，狭椭圆形，长10~15（20）厘米，宽2.5~3.5（4.5）厘米，先端渐尖，基部楔形，两面无毛，中脉在上面微凸，下面浑圆且十分凸起，侧脉13~16对，斜上升至叶缘弧曲上升，两面均明显，第三次脉呈网状，两面均明显；叶柄长1~2厘米。花1（2）朵生于叶腋，花梗圆柱形，长1.2~1.7厘米，被褐色细绒毛；花萼裂片通常5，稀6~7，卵形或阔卵形，长约7毫米，宽约5毫米，内面的略长，外面被黄白色细绒毛，内面无毛；花冠较萼长，长约1厘米，外面被黄白色细绒毛，内面无毛，冠管圆筒形，长约5毫米，花冠裂片（4）6，狭卵形，长约5毫米；能育雄蕊通常5，花丝钻形，长约2毫米，被白色极细绒毛，花药心状椭圆形，长约1.5毫米；退化雄蕊狭披针形至钻形，长约3毫米，被白色极细绒毛；子房圆锥形，长3~4毫米，被黄褐色绒毛，5室，花柱圆柱形，长4~5毫米，无毛，柱头头状。果倒卵形，长约8厘米，绿色转蛋黄色，无毛，外果皮极薄，中果皮肉质、肥厚，蛋黄色，可食，味如鸡蛋黄，故名蛋黄果；种子2~4枚，椭圆形，压扁，长4~5厘米，黄褐色，具光泽，疤痕侧生，长圆形，几与种子等长。花期春季，果期秋季。

分布：波纳佩。

文丁果

拉丁名：*Muntingia colabura* L.

英文名：Panama cherry

雅浦名：Budo

常绿小乔木。树冠伞性或开心形，枝条散生，树皮纵裂，老枝有明显皮孔，单叶互生，纸质，长椭圆形，先端急尖，边缘有锯齿，花腋生，花冠白色，通常有花1~2朵，圆形浆果，成熟时红色至深红色，种子细小，果味香甜似冬瓜露味。甜而不腻，清香宜人。

分布：雅浦。

毛叶枣

拉丁名：*Ziziphsu mauritiana* Lam.

英文名：Ber, Indian Jujube

常绿乔木或灌木，高达 15 米；幼枝被黄灰色密绒毛，小枝被短柔毛，老枝紫红色，有 2 个托叶刺，1 个斜上，另 1 个钩状下弯。叶纸质至厚纸质，卵形、矩圆状椭圆形，稀近圆形，长 2.5~6 厘米，宽 1.5~4.5 厘米，顶端圆形，稀锐尖，基部近圆形，稍偏斜，不等侧，边缘具细锯齿，上面深绿色，无毛，有光泽，下面被黄色或灰白色绒毛，基生 3 出脉，叶脉在上面下陷或多少凸起，下面有明显的网脉；叶柄长 5~13 毫米，被灰黄色密绒毛。花绿黄色，两性，5 基数，数个或 10 余个密集成近无总花梗或具短总花梗的腋生二歧聚伞花序，花梗长 2~4 毫米，被灰黄色绒毛；萼片卵状三角形，顶端尖，外面被毛；花瓣矩圆状匙形，基部具爪；雄蕊与花瓣近等长，花盘厚，肉质，10 裂，中央凹陷，子房球形，无毛，2 室，每室有 1 胚珠，花柱 2 浅裂或半裂。核果矩圆形或球形，长 1~1.2 厘米，直径约 1 厘米，橙色或红色，成熟时变黑色，基部有宿存的萼筒；果梗长 5~8 毫米，被短柔毛，2 室，具 1 或 2 种子；中果皮薄，木栓质，内果皮厚，硬革质；种子宽而扁，长 6~7 毫米，宽 5~6 毫米，红褐色，有光泽。花期 8—11 月，果期 9—12 月。

分布：波纳佩。

枇 杷

拉丁名：*Eriobotrya japonica* (Thunb.) Lindl.

英文名：Loquat

常绿小乔木，高可达 10 米；小枝粗壮，黄褐色，密生锈色或灰棕色绒毛。叶片革质，披针形、倒披针形、倒卵形或椭圆长圆形，长 12~30 厘米，宽 3~9 厘米，先端急尖或渐尖，基部楔形或渐狭成叶柄，上部边缘有疏锯齿，基部全缘，上面光亮，多皱，下面密生灰棕色绒毛，侧脉 11~21 对；叶柄短或几无柄，长 6~10 毫米，有灰棕色绒毛；托叶钻形，长 1~1.5 厘米，先端急尖，有毛。圆锥花序顶生，长 10~19 厘米，具多花；总花梗和花梗密生锈色绒毛；花梗长 2~8 毫米；苞片钻形，长 2~5 毫米，密生锈色绒毛；花直径 12~20 毫米；萼筒浅杯状，长 4~5 毫米，萼片三角卵形，长 2~3 毫米，先端急尖，萼筒及萼片外面有锈色绒毛；花瓣白色，长圆形或卵形，长 5~9 毫米，宽 4~6 毫米，基部具爪，有锈色绒毛；雄蕊 20，远短于花瓣，花丝基部扩展；花柱 5，离生，柱头头状，无毛，子房顶端有锈色柔毛，5 室，每室有 2 胚珠。果实球形或长圆形，直径 2~5 厘米，黄色或橘黄色，外有锈色柔毛，不久脱落；种子 1~5，球形或扁球形，直径 1~1.5 厘米，褐色，光亮，种皮纸质。花期 10—12 月，果期 5—6 月。

分布：波纳佩。

西 瓜

拉丁名： *Citrullus colocynthis* (L.) Kunt

英文名： Watermelon

波纳佩名： Sika

一年生蔓生藤本；茎、枝粗壮，具明显的棱沟，被长而密的白色或淡黄褐色长柔毛。卷须较粗壮，具短柔毛，2歧，叶柄粗，长3~12厘米，粗0.2~0.4厘米，具不明显的沟纹，密被柔毛；叶片纸质，轮廓三角状卵形，带白绿色，长8~20厘米，宽5~15厘米，两面具短硬毛，脉上和背面较多，3深裂，中裂片较长，倒卵形、长圆状披针形或披针形，顶端急尖或渐尖，裂片又羽状或二重羽状浅裂或深裂，边缘波状或有疏齿，末次裂片通常有少数浅锯齿，先端钝圆，叶片基部心形，有时形成半圆形的弯缺，弯缺宽1~2厘

米，深0.5~0.8厘米。雌雄同株。雌、雄花均单生于叶腋。雄花：花梗长3~4厘米，密被黄褐色长柔毛；花萼筒宽钟形，密被长柔毛，花萼裂片狭披针形，与花萼筒近等长，长2~3毫米；花冠淡黄色，径2.5~3厘米，外面带绿色，被长柔毛，裂片卵状长圆形，长1~1.5厘米，宽0.5~0.8厘米，顶端钝或稍尖，脉黄褐色，被毛；雄蕊3，近离生，1枚1室，2枚2室，花丝短，药室折曲。雌花：花萼和花冠与雄花同；子房卵形，长0.5~0.8厘米，宽0.4厘米，密被长柔毛，花柱长4~5毫米，柱头3，肾形。果实大型，近于球形或椭圆形，肉质，多汁，果皮光滑，色泽及纹饰各式。种子多数，卵形，黑色、红色，有时为白色、黄色、淡绿色或有斑纹，两面平滑，基部钝圆，通常边缘稍拱起，长1~1.5厘米，宽0.5~0.8厘米，厚1~2毫米，花果期夏季。

分布：波纳佩、雅浦、丘克、科斯雷。

甜 瓜

拉丁名：*Cucumis melo* L. var. *inodorus* Naud.

英文名：Winter cassaba melom

果实长圆状圆柱形或近棒状，长 20~30（50）厘米，径 6~10（~15）厘米，上部比下部略粗，两端圆或稍呈截形，平滑无毛，淡绿色，有纵线条，果肉白色或淡绿色，无香甜味。花果期夏季。

分布：波纳佩、雅浦。

香 瓜

拉丁名：*Cucumis melo* L. var. *melo*

英文名：Cantaloupe, Muskmelon

一年生匍匐或攀援草本；茎、枝有棱，有黄褐色或白色的糙硬毛和疣状突起。卷须纤细，单一，被微柔毛。叶柄长 8~12 厘米，具槽沟及短刚毛；叶片厚纸质，近圆形或肾形，长、宽均 8~15 厘米，上面粗糙，被白色糙硬毛，背面沿脉密被糙硬毛，边缘不分裂或 3~7 浅裂，裂片先端圆钝，有锯齿，基部截形或具半圆形的弯缺，具掌状脉。花单性，雌雄同株。雄花：数

朵簇生于叶腋；花梗纤细，长 0.5~2 厘米，被柔毛；花萼筒狭钟形，密被白色长柔毛，长 6~8 毫米，裂片近钻形，直立或开展，比筒部短；花冠黄色，长 2 厘米，裂片卵状长圆形，急尖；雄蕊 3，花丝极短，药室折曲，药隔顶端引长；退化雌蕊长约 1 毫米。雌

花：单生，花梗粗糙，被柔毛；子房长椭圆形，密被长柔毛和长糙硬毛，花柱长 1~2 毫米，柱头靠合，长约 2 毫米。果实的形状、颜色因品种而异，通常为球形或长椭圆形，果皮平滑，有纵沟纹，或斑纹，无刺状突起，果肉白色、黄色或绿色，有香甜味；种子污白色或黄白色，卵形或长圆形，先端尖，基部钝，表面光滑，无边缘。花果期夏季。

分布：雅浦。

蔬菜

黄　瓜

拉丁名：*Cucumis sativus* L.

英文名：Cucumber

一年生蔓生或攀援草本；茎、枝伸长，有棱沟，被白色的糙硬毛。卷须细，不分歧，具白色柔毛。叶柄稍粗糙，有糙硬毛，长 10~16（20）厘米；叶片宽卵状心形，膜质，长、宽均 7~20 厘米，两面甚粗糙，被糙硬毛，3~5 个角或浅裂，裂片三角形，有齿，有时边缘有缘毛，先端急尖或渐尖，基部弯缺半圆形，宽 2~3 厘米，深 2~2.5 厘米，有时基部向后靠合。雌雄同株。雄花：常数朵在叶腋簇生；花梗纤细，长 0.5~1.5 厘米，被微柔毛；花萼筒狭钟状或近圆筒状，长 8~10 毫米，密被白色的长柔毛，花萼裂片钻形，开展，与花萼筒近等长；花冠黄白色，长约 2 厘米，花冠裂片长圆状披针形，急尖；雄蕊 3，花丝近无，花药长 3~4 毫米，药隔伸出，长约 1 毫米。雌花：单生或稀簇生；花梗粗壮，被柔毛，长 1~2 厘米；子房纺锤形，粗糙，有小刺状突起。果实长圆形或圆柱形，长 10~30（50）厘米，熟时黄绿色，表面粗糙，有具刺尖的瘤状突起，极稀近于平滑。种子小，狭卵形，白色，无边缘，两端近急尖，长 5~10 毫米。花果期夏季。

分布：波纳佩、雅浦、丘克、科斯雷。

苦 瓜

拉丁名：*Momordica charantia* L.

英文名：Bitter gourd

一年生攀援状柔弱草本，多分枝；茎、枝被柔毛。卷须纤细，长达 20 厘米，具微柔毛，不分歧。叶柄细，初时被白色柔毛，后变近无毛，长 4~6 厘米；叶片轮廓卵状肾形或近圆形，膜质，长、宽均为 4~12 厘米，上面绿色，背面淡绿色，脉上密被明显的微柔毛，其余毛较稀疏，5~7 深裂，裂片卵状长圆形，边缘具粗齿或有不规则小裂片，先端多半钝圆形稀急尖，基部弯缺半圆形，叶脉掌状。雌雄同株。雄花：单生叶腋，花梗纤细，被微柔毛，长 3~7 厘米，中部或下部具 1 苞片；苞片绿色，肾形或圆形，全缘，稍有缘毛，两面被疏柔毛，长、宽均 5~15 毫米；花萼裂片卵状披针形，被白色柔毛，长 4~6 毫米，宽 2~3 毫米，急尖；花冠黄色，裂片倒卵形，先端钝，急尖或微凹，长 1.5~2 厘米，宽 0.8~1.2 厘米，被柔毛；雄蕊 3，离生，药室 2 回折曲。雌花：单生，花梗被微柔毛，长 10~12 厘米，基部常具 1 苞片；子房纺锤形，密生瘤状突起，柱头 3，膨大，2 裂。果实纺锤形或圆柱形，多瘤皱，长 10~20 厘米，成熟后橙黄色，由顶端 3 瓣裂。种子多数，长圆形，具红色假种皮，两端各具 3 小齿，两面有刻纹，长 1.5~2 厘米，宽 1~1.5 厘米。花、果期 5—10 月。

分布：波纳佩、雅浦、丘克、科斯雷。

冬　瓜

拉丁名：*Benincasa hispida* (Thunb.) Cogn.var. *hispida*

英文名：Wax gourd

一年生蔓生或架生草本；茎被黄褐色硬毛及长柔毛，有棱沟。叶柄粗壮，长 5~20 厘米，被黄褐色的硬毛和长柔毛；叶片肾状近圆形，宽 15~30 厘米，5~7 浅裂或有时中裂，裂片宽三角形或卵形，先端急尖，边缘有小齿，基部深心形，弯缺张开，近圆形，深、宽均为 2.5~3.5 厘米，表面深绿色，稍粗糙，有疏柔毛，老后渐脱落，变近无毛；背面粗糙，灰白色，有粗硬毛，叶脉在叶背面稍隆起，密被毛。卷须 2~3 歧，被粗硬毛和长柔毛。雌雄同株；花单生。雄花梗长 5~15 厘米，密被黄褐色短刚毛和长柔毛，常在花梗的基部具一苞片，苞片卵形或宽长圆形，长 6~10 毫米，先端急尖，有短柔毛；花萼筒宽钟形，宽 12~15 毫米，密生刚毛状长柔毛，裂片披针形，长 8~12 毫米，有锯齿，反折；花冠黄色，辐状，裂片宽倒卵形，长 3~6 厘米，宽 2.5~3.5 厘米，两面有稀疏的柔毛，先端钝圆，具 5 脉；雄蕊 3，离生，花丝长 2~3 毫米，基部膨大，被毛，花药长 5 毫米，宽 7~10 毫米，药室 3 回折曲，雌花梗长不及 5 厘米，密生黄褐色硬毛和长柔毛；子房卵形或圆筒形，密生黄褐色茸毛状硬毛，长 2~4 厘米；花柱长 2~3 毫米，柱头 3，长 12~15 毫米，2 裂。果实长圆柱状或近球状，大型，有硬毛和白霜，长 25~60 厘米，径 10~25 厘米。种子卵形，白色或淡黄色，压扁，有边缘，长 10~11 毫米，宽 5~7 毫米，厚 2 毫米。

分布：波纳佩、雅浦、丘克、科斯雷。

节 瓜

拉丁名： *Benincasa hispida* (Thunb.) Cogn. var. *chieh-qua* How

英文名： Ash Gourd

与冬瓜（原变种）不同之处在于：子房活体时被污浊色或黄色糙硬毛，果实小，比黄瓜略长而粗，长 15~20（25）厘米，径 4~8（10）厘米，成熟时被糙硬毛，无白蜡质粉被。

分布： 波纳佩、雅浦、丘克、科斯雷。

丝 瓜

拉丁名：*Cucurbita moschata* (Duch. ex Lam.) Duch. ex Poiret

英文名：Angled gourd, Sponge gourd

一年生攀援藤本；茎、枝粗糙，有棱沟，被微柔毛。卷须稍粗壮，被短柔毛，通常2~4歧。叶柄粗糙，长10~12厘米，具不明显的沟，近无毛；叶片三角形或近圆形，长、宽约10~20厘米，通常掌状5~7裂，裂片三角形，中间的较长，长8~12厘米，顶端急尖或渐尖，边缘有锯齿，基部深心形，弯缺深2~3厘米，宽2~2.5厘米，上面深绿色，粗糙，有疣点，下面浅绿色，有短柔毛，脉掌状，具白色的短柔毛。雌雄同株。雄花：通常15~20朵花，生于总状花序上部，花序梗稍粗壮，长12~14厘米，被柔毛；花梗长1~2厘米，花萼筒宽钟形，径0.5~0.9厘米，被短柔毛，裂片卵状披针形或近三角形，上端向外反折，长约0.8~1.3厘米，宽0.4~0.7厘米，里面密被短柔毛，边缘尤为明显，外面毛被较少，先端渐尖，具3脉；花冠黄色，辐状，开展时直径5~9厘米，裂片长圆形，长2~4厘米，宽2~2.8厘米，里面基部密被黄白色长柔毛，外面具3~5条凸起的脉，脉上密被短柔毛，顶端钝圆，基部狭窄；雄蕊通常5，稀3，花丝长6~8毫米，基部有白色短柔毛，花初开放时稍靠合，最后完全分离，药室多回折曲。雌花：单生，花梗长2~10厘米；子房长圆柱状，有柔毛，柱头3，膨大。果实圆柱状，直或稍弯，长15~30厘米，直径5~8厘米，表面平滑，通常有深色纵条纹，未熟时肉质，成熟后干燥，里面呈网状纤维，由顶端盖裂。种子多数，黑色，卵形，扁，平滑，边缘狭翼状。花果期夏、秋季。

分布：波纳佩、雅浦、丘克、科斯雷。

南 瓜

拉丁名： *Luffa cylindrica* (L.) Roem.

英文名： Chinese pumpkin

一年生蔓生草本；茎常节部生根，伸长达 2~5 米，密被白色短刚毛。叶柄粗壮，长 8~19 厘米，被短刚毛；叶片宽卵形或卵圆形，质稍柔软，有 5 角或 5 浅裂，稀钝，长 12~25 厘米，宽 20~30 厘米，侧裂片较小，中间裂片较大，三角形，上面密被黄白色刚毛和茸毛，常有白斑，叶脉隆起，各裂片之中脉常延伸至顶端，成一小尖头，背面色较淡，毛更明显，边缘有小而密的细齿，顶端稍钝。卷须稍粗壮，与叶柄一样被短刚毛和茸毛，3~5 歧。雌雄同株。雄花单生；花萼筒钟形，长 5~6 毫米，裂片条形，长 1~1.5 厘米，被柔毛，上部扩大成叶状；花冠黄色，钟状，长 8 厘米，径 6 厘米，5 中裂，裂片边缘反卷，具皱褶，先端急尖；雄蕊 3，花丝腺体状，长 5~8 毫米，花药靠合，长 15 毫米，药室折曲。雌花单生；子房 1 室，花柱短，柱头 3，膨大，顶端 2 裂。果梗粗壮，有棱和槽，长 5~7 厘米，瓜蒂扩大成喇叭状；瓠果形状多样，因品种而异，外面常有数条纵沟或无。种子多数，长卵形或长圆形，灰白色，边缘薄，长 10~15 毫米，宽 7~10 毫米。

分布： 波纳佩、雅浦、丘克、科斯雷。

西红柿

拉丁名：*Lycopersicon esculentum* Mill.

英文名：Tomato

体高 0.6~2 米，全体生黏质腺毛，有强烈气味。茎易倒伏。叶羽状复叶或羽状深裂，长 10~40 厘米，小叶极不规则，大小不等，常 5~9 枚，卵形或矩圆形，长 5~7 厘米，边缘有不规则锯齿或裂片。花序总梗长 2~5 厘米，常 3~7 朵花；花梗长 1~1.5 厘米；花萼辐状，裂片披针形，果时宿存；花冠辐状，直径约 2 厘米，黄色。浆果扁球状或近球状，肉质而多汁液，橘黄色或鲜红色，光滑；种子黄色。花果期夏秋季。

分布：波纳佩、雅浦、丘克、科斯雷。

辣 椒

拉丁名：*Capsicum annuum* L.var. *annuum*

英文名：Hot pepper

一年生或有限多年生植物；高 40~80 厘米。茎近无毛或微生柔毛，分枝稍之字形折曲。叶互生，枝顶端节不伸长而成双生或簇生状，矩圆状卵形、卵形或卵状披针形，长 4~13 厘米，宽 1.5~4 厘米，全缘，顶端短渐尖或急尖，基部狭楔形；叶柄长 4~7 厘米。花单生，俯垂；花萼杯状，不显著 5 齿；花冠白色，裂片卵形；花药灰紫色。果梗较粗壮，俯垂；果实长指状，顶端渐尖且常弯曲，未成熟时绿色，成熟后成红色、橙色或紫红色，味辣。种子扁肾形，长 3~5 毫米，淡黄色。花果期 5—11 月。

分布：波纳佩、雅浦、丘克、科斯雷。

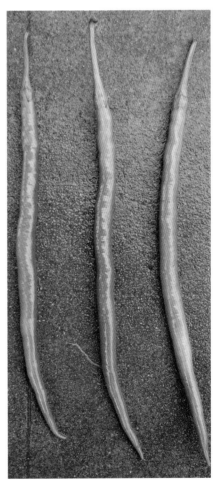

菜 椒

拉丁名： *Capsicum annum* L. var. *grossum* (L.) Sendt.

英文名： Sweet pepper

植物体粗壮而高大。叶矩圆形或卵形，长 10~13 厘米。果梗直立或俯垂，果实大型，近球状、圆柱状或扁球状，多纵沟，顶端截形或稍内陷，基部截形且常稍向内凹入，味不辣而略带甜或稍带椒味。

分布： 波纳佩、雅浦、丘克、科斯雷。

朝天椒

拉丁名：*Capsicum annuum* L. var. *conoides* (Mill.) Irish

英文名：Cone pepper

植物体多二歧分枝。叶长 4~7 厘米，卵形。花常单生于二分叉间，花梗直立，花稍俯垂，花冠白色或带紫色。果梗及果实均直立，果实较小，圆锥状，长约 1.5（3）厘米，成熟后红色或紫色，味极辣。

分布：波纳佩、雅浦、丘克、科斯雷。

莴　笋

拉丁名: *Lactuca sativa* L. var. *angustata* Irish ex Bremer

英文名: Asparagus lettuce

一年生或二年草本，高 25~100 厘米。根垂直直伸。茎直立，单生，上部圆锥状花序分枝，全部茎枝白色。基生叶及下部茎叶大，不分裂，倒披针形、椭圆形或椭圆状倒披针形，长 6~15 厘米，宽 1.5~6.5 厘米，顶端急尖、短渐尖或圆形，无柄，基部心形或箭头状半抱茎，边缘波状或有细锯齿，向上的渐小，与基生叶及下部茎叶

同形或披针形，圆锥花序分枝下部的叶及圆锥花序分枝上的叶极小，卵状心形，无柄，基部心形或箭头状抱茎，边缘全缘，全部叶两面无毛。头状花序多数或极多数，在茎枝顶端排成圆锥花序。总苞果期卵球形，长 1.1 厘米，宽 6 毫米；总苞片 5 层，最外层宽三角形，长约 1 毫米，宽约 2 毫米，外层三角形或披针形，长 5~7 毫米，宽约 2 毫米，中层披针形至卵状披针形，长约 9 毫米，宽 2~3 毫米，内层线状长椭圆形，长 1 厘米，宽约

2 毫米，全部总苞片顶端急尖，外面无毛。舌状小花约 15 枚。瘦果倒披针形，长 4 毫米，宽 1.3 毫米，压扁，浅褐色，每面有 6~7 条细脉纹，顶端急尖成细喙，喙细丝状，长约 4 毫米，与瘦果几等长。冠毛 2 层，纤细，微糙毛状。花果期 2—9 月。

分布：波纳佩、雅浦、丘克、科斯雷。

生 菜

拉丁名：*Lactuca sativa* L. var. *ramosa* Hort.

英文名：Lettuce

甘 蓝（包菜）

拉丁名：*Brassica oleracea* var. *capitata* L.

英文名：Cabbage, Savoy

二年生草本，被粉霜。矮且粗壮一年生茎肉质，不分枝，绿色或灰绿色。基生叶多数，质厚，层层包裹成球状体，扁球形，直径 10~30 厘米或更大，乳白色或淡绿色；二年生茎有分枝，具茎生叶。基生叶及下部茎生叶长圆状倒卵形至圆形，长和宽达 30 厘米。顶端圆形，基部骤窄成极短有宽翅的叶柄，边缘有波状不显明锯齿；上部茎生叶卵形或长圆状卵形，长 8~13.5 厘米，宽 3.5~7 厘米，基部抱茎；最上部叶长圆形，长约 4.5 厘米，宽约 1

厘米，抱茎。总状花序顶生及腋生；花淡黄色，直径 2~2.5 厘米；花梗长 7~15 毫米；萼片直立，线状长圆形，长 5~7 毫米；花瓣宽椭圆状倒卵形或近圆形，长 13~15 毫米，脉纹显明，顶端微缺，基部骤变窄成爪，爪长 5~7 毫米。长角果圆柱形，长 6~9 厘米，宽 4~5 毫米，两侧稍压扁，中脉突出，喙圆锥形，长 6~10 毫米；果梗粗，直立开展，长 2.5~3.5 厘米。种子球形，直径 1.5~2 毫米，棕色。花期 4 月，果期 5 月。

分布：波纳佩、雅浦、科斯雷。

花椰菜

拉丁名：*Brassica oleracea* var. *botrytis* L.

英文名：Cauliflower

二年生草本，高 60~90 厘米，被粉霜。茎直立，粗壮，有分枝。基生叶及下部叶长圆形至椭圆形，长 2~3.5 厘米，灰绿色，顶端圆形，开展，不卷心，全缘或具细牙齿，有时叶片下延，具数个小裂片，并成翅状；叶柄长 2~3 厘米；茎中上部叶较小且无柄，长圆形至披针形，抱茎。茎顶端有 1 个由总花梗、花梗和未发

育的花芽密集成的乳白色肉质头状体；总状花序顶生及腋生；花淡黄色，后变成白色。长角果圆柱形，长 3~4 厘米，有 1 中脉，喙下部粗上部细，长 10~12 毫米。种子宽椭圆形，长近 2 毫米，棕色。花期 4 月，果期 5 月。

分布：波纳佩、雅浦。

白 菜

拉丁名： *Brassica campestris* L. ssp. *pekinensis* (Lour.) Olsson

英文名： Cabbage

二年生草本，高 40~60 厘米，常全株无毛，有时叶下面中脉上有少数刺毛。基生叶多数，大形，倒卵状长圆形至宽倒卵形，长 30~60 厘米，宽不及长的一半，顶端圆钝，边缘皱缩，波状，有时具不显明牙齿，中脉白色，很宽，有多数粗壮侧脉；叶柄白色，扁平，长 5~9 厘米，宽 2~8 厘米，边缘有具缺刻的宽薄翅；上部茎生叶长

圆状卵形、长圆披针形至长披针形，长 2.5~7 厘米，顶端圆钝至短急尖，全缘或有裂齿，有柄或抱茎，有粉霜。花鲜黄色，直径 1.2~1.5 厘米；花梗长 4~6 毫米；萼片长圆形或卵状披针形，长 4~5 毫米，直立，淡绿色至黄色；花瓣倒卵形，长 7~8 毫米，基部渐窄成爪。长角果较粗短，长 3~6 厘米，宽约 3 毫米，两侧压扁，直立，喙长 4~10 毫米，宽约 1 毫米，顶端圆；果梗开展或上升，长 2.5~3 厘米，较粗。种子球形，直径 1~1.5 毫米，棕色。花期 5 月，果期 6 月。

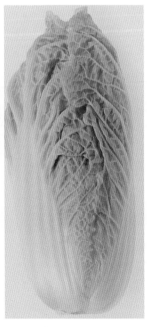

分布： 波纳佩、雅浦、丘克、科斯雷。

小白菜

拉丁名： *Brassica campestris* L. ssp. *chinensis* Makino

英文名： Chinese cabbage

本种原产中国，现已作为一种蔬菜广泛栽培，或有时逸为野生状态。中国中部及南部各省常见栽培，北方比较少，宜生长于气候温暖湿润，土壤肥沃多湿的地方，不耐寒，遇霜冻茎、叶枯死。分布遍及热带亚洲、非洲和大洋洲。

分布： 波纳佩、雅浦、丘克、科斯雷。

胡萝卜

拉丁名：*Daucus carota* L. var. *sativa* Hoffm.

英文名：Carrot

二年生草本，高 15~120 厘米。茎单生，全体有白色粗硬毛。基生叶薄膜质，长圆形，二至三回羽状全裂，末回裂片线形或披针形，长 2~15 毫米，宽 0.5~4 毫米，顶端尖锐，有小尖头，光滑或有糙硬毛；叶柄长 3~12 厘米；茎生叶近无柄，有叶鞘，末回裂片小或细长。复伞形花序，花序梗长 10~55 厘米，有糙硬毛；总苞有多数苞片，呈叶状，羽状分裂，少有不裂的，裂片线形，长 3~30 毫米；伞辐多数，长 2~7.5 厘米，结果时外缘的伞辐向内弯曲；小总苞片 5~7，线形，不分裂或 2~3 裂，边缘膜质，具纤毛；花通常白色，有时带淡红色；花柄不等长，长 3~10 毫米。果实圆卵形，长 3~4 毫米，宽 2 毫米，棱上有白色刺毛。根肉质，长圆锥形，粗肥，呈红色或黄色。花期 5—7 月。

分布：波纳佩、雅浦、丘克、科斯雷。

韭 菜

拉丁名：*Allium tuberosum* Rottler

英文名：Chinese chives

具倾斜的横生根状茎。鳞茎簇生，近圆柱状；鳞茎外皮暗黄色至黄褐色，破裂成纤维状，呈网状或近网状。叶条形，扁平，实心，比花葶短，宽 1.5~8 毫米，边缘平滑。花葶圆柱状，常具 2 纵棱，高 25~60 厘米，下部被叶鞘；总苞单侧开裂，或 2~3 裂，宿存；伞形花序半球状或近球状，具多但较稀疏的花；小花梗近等长，比花被片长 2~4 倍，基部具小苞片，且数枚小花梗的基部又为 1 枚共同的苞片所包围；花白色；花被片常具绿色或黄绿色的中脉，内轮的矩圆状倒卵形，稀为矩圆状卵形，先端具短尖头或钝圆，长 4~7（8）毫米，宽 2.1~3.5 毫米，外轮的常较窄，矩圆状卵形至矩圆状披针形，先端具短尖头，长 4~7（8）毫米，宽 1.8~3 毫米；花丝等长，为花被片长度的 2/3~4/5，基部合生并与花被片贴生，合生部分高 0.5~1 毫米，分离部分狭三角形，内轮的稍宽；子房倒圆锥状球形，具 3 圆棱，外壁具细的疣状突起。花果期 7—9 月。

分布：波纳佩、雅浦。

芹 菜

拉丁名：*Apium graveolens* L.

英文名：Celery

二年生或多年生草本，高 15~150 厘米，有强烈香气。根圆锥形，支根多数，褐色。茎直立，光滑，有少数分枝，并有棱角和直槽。根生叶有柄，柄长 2~26 厘米，基部略扩大成膜质叶鞘；叶片轮廓为长圆形至倒卵形，长 7~18 厘米，宽 3.5~8 厘米，通常 3 裂达中部或 3 全裂，裂片近菱形，边缘有圆锯齿或锯齿，叶脉两面隆起；较上部的茎生叶有短柄，叶片轮廓为阔三角形，通常分裂为 3 小叶，小叶倒卵形，中部以上边缘疏生钝锯齿以致缺刻。复伞形花序顶生或与叶对生，花序梗长短不一，有时缺少，通常无总苞片和小总苞片；伞辐细弱，3~16，长 0.5~2.5 厘米；小伞形花序有花 7~29 枚，花柄长 1~1.5 毫米萼齿小或不明显；花瓣白色或黄绿色，圆卵形，长约 1 毫米，宽 0.8 毫米，顶端有内折的小舌片；花丝与花瓣等长或稍长于花瓣，花药卵圆形，长约 0.4 毫米；花柱基扁压，花柱幼时极短，成熟时长约 0.2 毫米，向外反曲。分生果圆形或长椭圆形，长约 1.5 毫米，宽 1.5~2 毫米，果棱尖锐，合生面略收缩；每棱槽内有油管 1，合生面油管 2，胚乳腹面平直。花期 4—7 月。

分布：波纳佩、雅浦。

茄 子

拉丁名：*Solanum melongena* L.

英文名：Garden eggplant, Eggplant

直立分枝草本至亚灌木，高可达1米，小枝，叶柄及花梗均被6~8（10）分枝，平贴或具短柄的星状绒毛，小枝多为紫色（野生的往往有皮刺），渐老则毛被逐渐脱落。叶大，卵形至长圆状卵形，长8~18厘米或更长，宽5~11厘米或更宽，先端钝，基部不相等，边缘浅波状或深波状圆裂，上面被3~7（8）分枝短而平贴的星状绒毛，下面密被7~8分枝较长而平贴的星状绒毛，侧脉每边4~5条，在上面疏被星状绒毛，在下面则较密，中脉的毛被与侧脉的相同（野生种的中脉及侧脉在两面均具小皮刺），叶柄长2~4.5厘米（野生的具皮刺）。能孕花单生，花柄长1~1.8厘米，毛被较密，花后常下垂，不孕花蝎尾状与能孕花并出；萼近钟形，直径约2.5厘米或稍大，外面密被与花梗相似的星状绒毛及小皮刺，皮刺长约3毫米，萼裂片披针形，先端锐尖，内面疏被星状绒毛，花冠辐状，外面星状毛被较密，内面仅裂片先端疏被星状绒毛，花冠筒长约2毫米，冠檐长约2.1厘米，裂片三角形，长约1厘米；花丝长约2.5毫米，花药长约7.5毫米；子房圆形，顶端密被星状毛，花柱长4~7毫米，中部以下被星状绒毛，柱头浅裂。果的形状大小变异极大。

分布：波纳佩、雅浦、丘克、科斯雷。

菜 心

拉丁名：*Brassica parachinensis* Bailey

英文名：Flowering chinese cabbage

二年生草本，高 30~90
厘米；茎粗壮，直立，分枝
或不分枝，无毛或近无毛，
稍带粉霜。基生叶大头羽
裂，顶裂片圆形或卵形，边
缘有不整齐弯缺牙齿，侧裂
片 1 至数对，卵形；叶柄
宽，长 2~6 厘米，基部抱
茎；下部茎生叶羽状半裂，
长 6~10 厘米，基部扩展且

抱茎，两面有硬毛及缘毛；上部茎生叶长圆状倒卵形、长圆形或长圆状披针形，长 2.5~8
（15）厘米，宽 0.5~4（5）厘米，基部心形，抱茎，两侧有垂耳，全缘或有波状细齿。总
状花序在花期成伞房状，以后伸长；花鲜黄色，直径 7~10 毫米；萼片长圆形，长 3~5 毫

米，直立开展，顶端圆
形，边缘透明，稍有毛；
花瓣倒卵形，长 7~9 毫
米，顶端近微缺，基部
有爪。长角果线形，长
3~8 厘米，宽 2~4 毫
米，果瓣有中脉及网纹，
萼直立，长 9~24 毫米；
果梗长 5~15 毫米。种
子球形，直径约 1.5 毫
米。紫褐色。花期 3~4
月，果期 5 月。

分布：波纳佩、雅
浦、丘克、科斯雷。

苋 菜

拉丁名：*Amaranthus tricolor*

英文名：Chinese spinach, Joseph coat

一年生草本，高 80~150 厘米；茎粗壮，绿色或红色，常分枝，幼时有毛或无毛。叶片卵形、菱状卵形或披针形，长 4~10 厘米，宽 2~7 厘米，绿色或常成红色，紫色或黄色，或部分绿色夹杂其他颜色，顶端圆钝或尖凹，具凸尖，基部楔形，全缘或波状缘，无毛；叶柄长 2~6 厘米，绿色或红色。花簇腋生，直到下部叶，或同时具顶生花簇，成下垂的穗状花序；花簇球形，直径 5~15 毫米，雄花和雌花混生；苞片及小苞片卵状披针形，长 2.5~3 毫米，透明，顶端有 1 长芒尖，背面具 1 绿色或红色隆起中脉；花被片矩圆形，长 3~4 毫米，绿色或黄绿色，顶端有 1 长芒尖，背面具 1 绿色或紫色隆起中脉；雄蕊比花被片长或短。胞果卵状矩圆形，长 2~2.5 毫米，环状横裂，包裹在宿存花被片内。种子近圆形或倒卵形，直径约 1 毫米，黑色或黑棕色，边缘钝。花期 5—8 月，果期 7—9 月。

分布：波纳佩、雅浦。

芥 菜

拉丁名：*Brassica juncea* L.

英文名：Leaf mustard

一年生草本，高 30~150 厘米，常无毛，有时幼茎及叶具刺毛，带粉霜，有辣味；茎直立，有分枝。基生叶宽卵形至倒卵形，长 15~35 厘米，顶端圆钝，基部楔形，大头羽裂，具 2~3 对裂片，或不裂，边缘均有缺刻或牙齿，叶柄长 3~9 厘米，具小裂片；茎下部叶较小，边缘有缺刻或牙齿，

有时具圆钝锯齿，不抱茎；茎上部叶窄披针形，长 2.5~5 厘米，宽 4~9 毫米，边缘具不明显疏齿或全缘。总状花序顶生，花后延长；花黄色，直径 7~10 毫米；花梗长 4~9 毫米；萼片淡黄色，长圆状椭圆形，长 4~5 毫米，直立开展；花瓣倒卵形，长 8~10 毫米，长 4~5 毫米。长角果线形，长 3~5.5 厘米，宽 2~3.5 毫米，果瓣具 1 突出中脉；喙长 6~12 毫米；果梗长 5~15 毫米。种子球形，直径约 1 毫米，紫褐色。花期 3—5 月，果期 5—6 月。

分布：波纳佩、雅浦、丘克、科斯雷。

四季豆

拉丁名：*Phaseolus vulgaris* L.

英文名：Lima bean, Sierra bean

一年生、缠绕或近直立草本。茎被短柔毛或老时无毛。羽状复叶具 3 小叶；托叶披针形，长约 4 毫米，基着。小叶宽卵形或卵状菱形，侧生的偏斜，长 4~16 厘米，宽 2.5~11 厘米，先端长渐尖，有细尖，基部圆形或宽楔形，全缘，被短柔毛。总状花序比叶短，有数朵生于花序顶部的花；花梗长 5~8 毫米；小苞片卵形，有数条隆起的脉，约与花萼等长或稍较其为长，宿存；花萼杯状，长 3~4 毫米，上方的 2 枚裂片连合成一微凹的裂片；花冠白色、黄色、紫堇色或红色；旗瓣近方形，宽 9~12 毫米，翼瓣倒卵形，龙骨瓣长约 1 厘米，先端旋卷，子房被短柔毛，花柱压扁。荚果带形，稍弯曲，长 10~15 厘米，宽 1~1.5 厘米，略肿胀，通常无毛，顶有喙；种子 4~6，长椭圆形或肾形，长 0.9~2 厘米，宽 0.3~1.2 厘米，白色、褐色、蓝色或有花斑，种脐通常白色。花期春夏。

分布：波纳佩、雅浦。

豆 角

拉丁名：*Vigna unguiculata* (Linn.) Walp.

英文名：Cherry bean

一年生缠绕、草质藤本或近直立草本，有时顶端缠绕状。茎近无毛。羽状复叶具 3 小叶；托叶披针形，长约 1 厘米，着生处下延成一短距，有线纹；小叶卵状菱形，长 5~15 厘米，宽 4~6 厘米，先端急尖，边全缘或近全缘，有时淡紫色，无毛。总状花序腋生，具长梗；花 2~6 朵聚生于花序的顶端，花梗间常有肉质密腺；花萼浅绿色，钟状，长 6~10 毫米，裂齿披针形；花冠黄白色而略带青紫，长约 2 厘米，各瓣均具瓣柄，旗瓣扁圆形，宽约 2 厘米，顶端微凹，基部稍有耳，翼瓣略呈三角形，龙骨瓣稍弯；子房线形，被毛。荚果下垂，直立或斜展，线形，长 7.5~70（90）厘米，宽 6~10 毫米，稍肉质而膨胀或坚实，有种子多颗；种子长椭圆形或圆柱形或稍肾形，长 6~12 毫米，黄白色、暗红色或其他颜色。花期 5—8 月。

分布：波纳佩、雅浦、丘克、科斯雷。

红薯叶

拉丁名：*Ipomoea batatas* (L.) Lam.

英文名：Sweet potato Leaves

一年生具块根草本。茎平卧或上升，偶有缠绕。叶片形状通常为宽卵形，长4~13厘米，宽3~13厘米，全缘或3~5；叶柄长短不一，长2.5~20厘米。聚伞花序腋生，有1~3~7朵花聚集成伞形；苞片小，披针形，长2~4毫米，顶端芒尖或骤尖，早落；花梗长2~10毫米；萼片长圆形，外萼片长7~10毫米，内萼片长8~11毫米，顶端骤然成芒尖状；花冠粉红色、白色、淡紫色或紫色，钟状或漏斗状，长3~4厘米；雄蕊及花柱内藏，花丝基部被毛；子房2~4室，被毛或有时无毛。蒴果卵形或扁圆形。种子1~4粒。

分布：波纳佩、雅浦、丘克、科斯雷。

蕹 菜

拉丁名：*Ipomoea aquatica* Forsk.

英文名：Water spinach

一年生草本，蔓生或漂浮于水。茎圆柱形，有节，节间中空，节上生根，无毛。叶片形状、大小有变化，卵形、长卵形、长卵状披针形或披针形，长 3.5~17 厘米，宽 0.9~8.5 厘米，顶端锐尖或渐尖，具小短尖头，基部心形、戟形或箭形，偶尔截形，全缘或波状，或有时基部有少数粗齿，两面近无毛或偶有稀疏柔毛；叶柄长 3~14 厘米，无毛。聚伞花序腋生花序梗长 1.5~9 厘米，基部被柔毛，向上无毛，具 1~3 （~5）朵花；苞片小鳞片状，长 1.5~2 毫米；花梗长 1.5~5 厘米，无毛；萼片近于等长，卵形，长 7~8 毫米，顶端钝，具小短尖头，外面无毛；花冠白色、淡红色或紫红色，漏斗状，长 3.5~5 厘米；雄蕊不等长，花丝基部被毛；子房圆锥状，无毛。蒴果卵球形至球形，径约 1 厘米，无毛。种子密被短柔毛或有时无毛。

分布：波纳佩、雅浦、丘克、科斯雷。

芫　荽

拉丁名：*Coriandrum sativum* L.

英文名：Coriander

一年生或二年生，有强烈气味的草本，高 20~100 厘米。根纺锤形，细长，有多数纤细的支根。茎圆柱形，直立，多分枝，有条纹，通常光滑。根生叶有柄，柄长 2~8 厘米；叶片 1 或 2 回羽状全裂，羽片广卵形或扇形半裂，长 1~2 厘米，宽 1~1.5 厘米，边缘有钝锯齿、缺刻或深裂，上部的茎生叶 3 回以至多回羽状分裂，末回裂片狭线形，长 5~10 毫米，宽 0.5~1 毫米，顶端钝，全缘。伞形花序顶生或与叶对生，花序梗长 2~8 厘米；伞辐 3~7，长 1·2.5 厘米；小总苞片 2~5，线形，全缘；小伞形花序有孕花 3~9，花白色或带淡紫色；萼齿通常大小不等，小的卵状三角形，大的长卵形，花瓣倒卵形，长 1~1.2 毫米，宽约 1 毫米，顶端有内凹的小舌片，辐射瓣长 2~3.5 毫米，宽 1~2 毫米，通常全缘，有 3~5 脉；花丝长 1~2 毫米，花药卵形，长约 0.7 毫米；花柱幼时直立，果熟时向外反曲。果实圆球形，背面主棱及相邻的次棱明显。胚乳腹面内凹。油管不明显，或有 1 个位于次棱的下方。花果期 4—11 月。

　　分布：波纳佩、雅浦。

姜

拉丁名：*Zingiber officinale* Rosc.

英文名：Ginger

株高 0.5~1 米；根茎肥厚，多分枝，有芳香及辛辣味。叶片披针形或线状披针形，长 15~30 厘米，宽 2~2.5 厘米，无毛，无柄；叶舌膜质，长 2~4 毫米。总花梗长达 25 厘米；穗状花序球果状，长 4~5 厘米；苞片卵形，长约 2.5 厘米，淡绿色或边缘淡黄色，顶端有小尖头；花萼管长约 1 厘米；花冠黄绿色，管长 2~2.5 厘米，裂片披针形，长不及 2 厘米；唇瓣中央裂片长圆状倒卵形，短于花冠裂片，有紫色条纹及淡黄色斑点，侧裂片卵形，长约 6 毫米；雄蕊暗紫色，花药长约 9 毫米；药隔附属体钻状，长约 7 毫米。花期：秋季。

分布：波纳佩、雅浦、丘克、科斯雷。

葱

拉丁名：*Allium fistulosum* L.

英文名：Chive

鳞茎单生，圆柱状，稀为基部膨大的卵状圆柱形，粗1~2厘米，有时可达4.5厘米；鳞茎外皮白色，稀淡红褐色，膜质至薄革质，不破裂。叶圆筒状，中空，向顶端渐狭，约与花葶等长，粗在0.5厘米以上。花葶圆柱状，中空，高30~50（100）厘米，中部以下膨大，向顶端渐狭，约在1/3以下被叶鞘；总苞膜质，2裂；伞形花序球状，多花，较疏散；小花梗纤细，与花被片等长，或为其2~3倍长，基部无小苞片；花白色；花被片长6~8.5毫米，近卵形，先端渐尖，具反折的尖头，外轮的稍短；花丝为花被片长度的1.5~2倍，锥形，在基部合生并与花被片贴生；子房倒卵状，腹缝线基部具不明显的蜜穴；花柱细长，伸出花被外。花果期4—7月。

分布：波纳佩、雅浦、丘克、科斯雷。

蒜

拉丁名：*Allium sativum* L.

英文名：Garlic

鳞茎球状至扁球状，通常由多数肉质、瓣状的小鳞茎紧密地排列而成，外面被数层白色至带紫色的膜质鳞茎外皮。叶宽条形至条状披针形，扁平，先端长渐尖，比花葶短，宽可达 2.5 厘米。花葶实心，圆柱状，高可达 60 厘米，中部以下被叶鞘；总苞具长 7~20 厘米的长喙，早落；伞形花序密具珠芽，间有数花；小花梗纤细；小苞片大，卵形，膜质，具短尖；花常为淡红色；花被片披针形至卵状披针形，长 3~4 毫米，内轮的较短；花丝比花被片短，基部合生并与花被片贴生，内轮的基部扩大，扩大部分每侧各具 1 齿，齿端成长丝状，长超过花被片，外轮的锥形；子房球状；花柱不伸出花被外。花期 7 月。

分布：波纳佩、雅浦、丘克、科斯雷。

洋 葱

拉丁名：*Allium cepa* L.

英文名：Onion

鳞茎粗大，近球状至扁球状；鳞茎外皮紫红色、褐红色、淡褐红色、黄色至淡黄色，纸质至薄革质，内皮肥厚，肉质，均不破裂。叶圆筒状，中空，中部以下最粗，向上渐狭，比花葶短，粗在0.5厘米以上。花葶粗壮，高可达1米，中空的圆筒状，在中部以下膨大，向上渐狭，下部被叶鞘；总苞2~3裂；伞形花序球状，具多而密集的花；小花梗长约2.5厘米。花粉白色；花被片具绿色中脉，矩圆状卵形，长4~5毫米，宽约2毫米；花丝等长，稍长于花被片，约在基部1/5处合生，合生部分下部的1/2与花被片贴生，内轮花丝的基部极为扩大，扩大部分每侧各具1齿，外轮的锥形；子房近球状，腹缝线基部具有帘的凹陷蜜穴；花柱长约4毫米。花果期5—7月。

分布：波纳佩、雅浦、丘克、科斯雷。